DUDEN

Üben mit Lexi Mathematik 1/2

Zahlenraum bis 10

Herausgegeben von
Dr. Andrea Schulz

Erarbeitet von
Birgit Bartnick, Cordula Endel,
Christiane Habermann, Marlies Kießler,
Jana Köppen, Dr. Andrea Schulz
und Petra Tannert

DUDEN PAETEC Schulbuchverlag
Berlin, Frankfurt a. M.

Wege finden

1

2

Bilder vergleichen

1

2

Muster fortsetzen

1

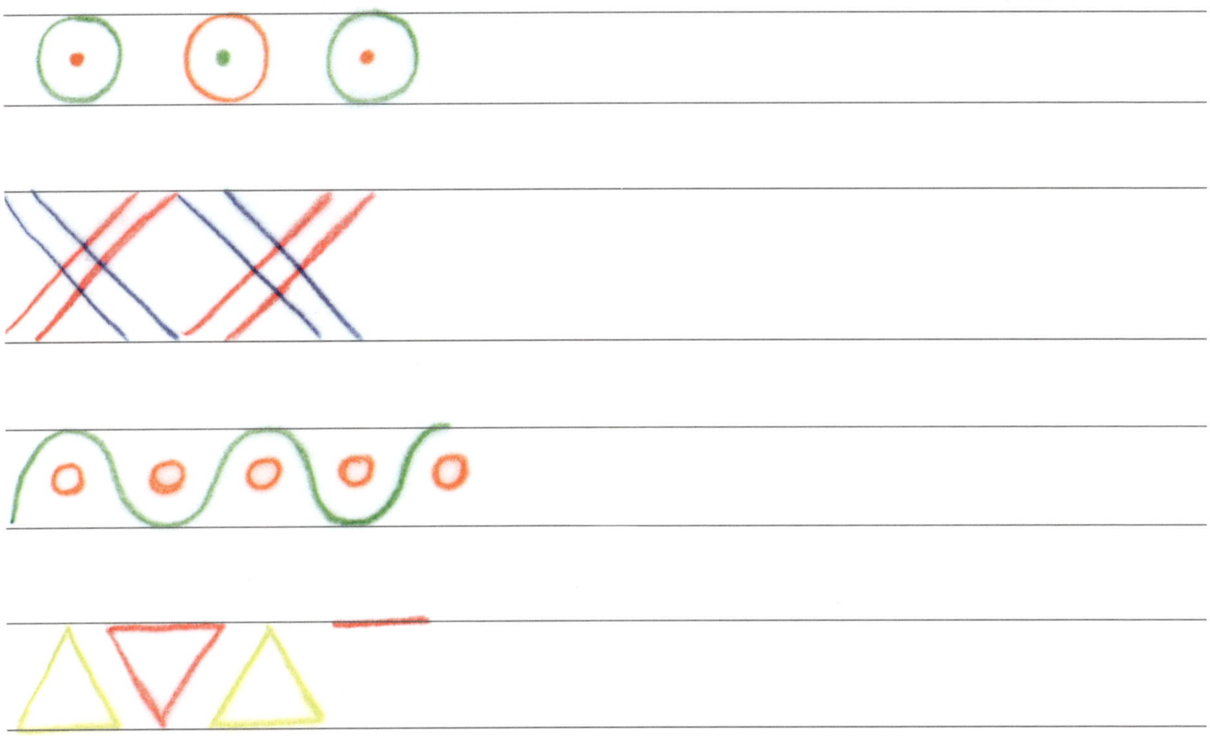

2

Bilder übertragen

1

2

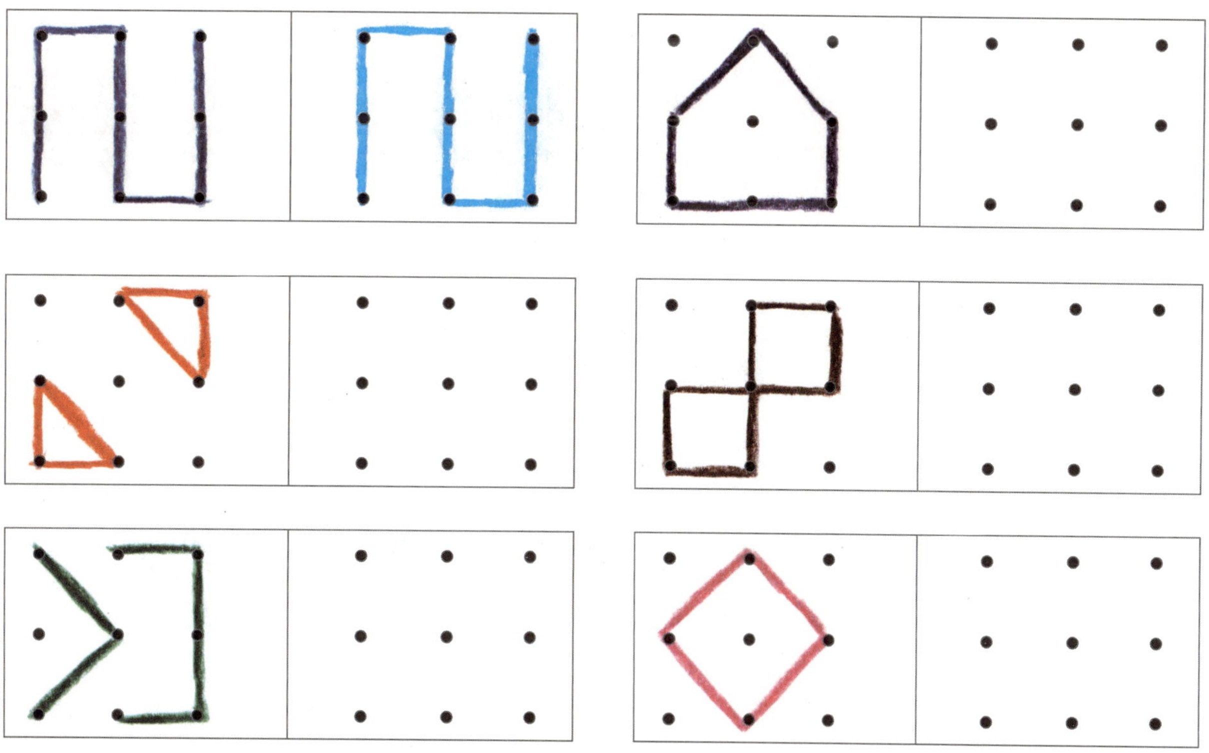

Würfelbilder

1

2

Würfelbauten

3 4 5 6

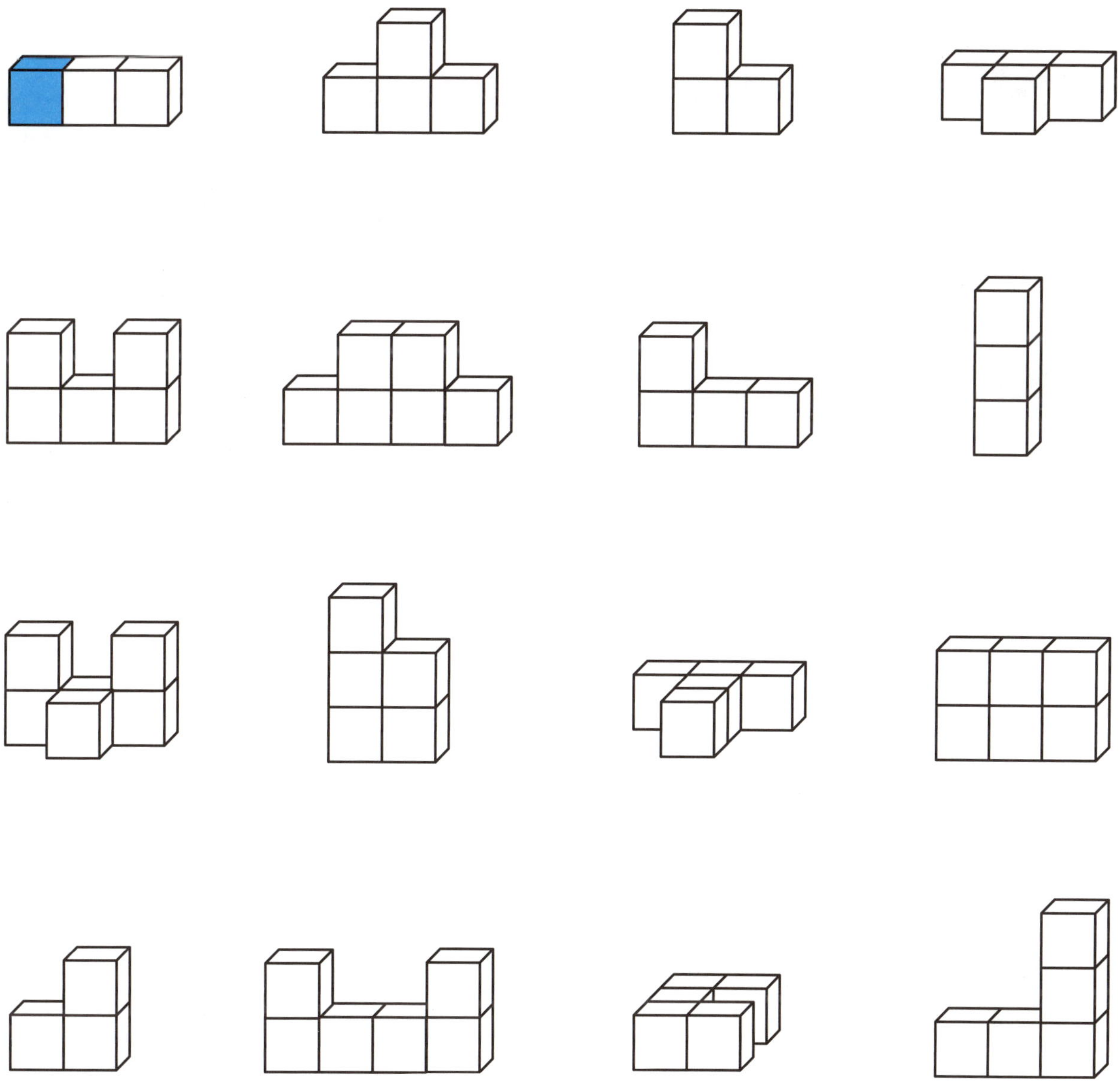

Anzahlen 1 bis 5 erfassen

1

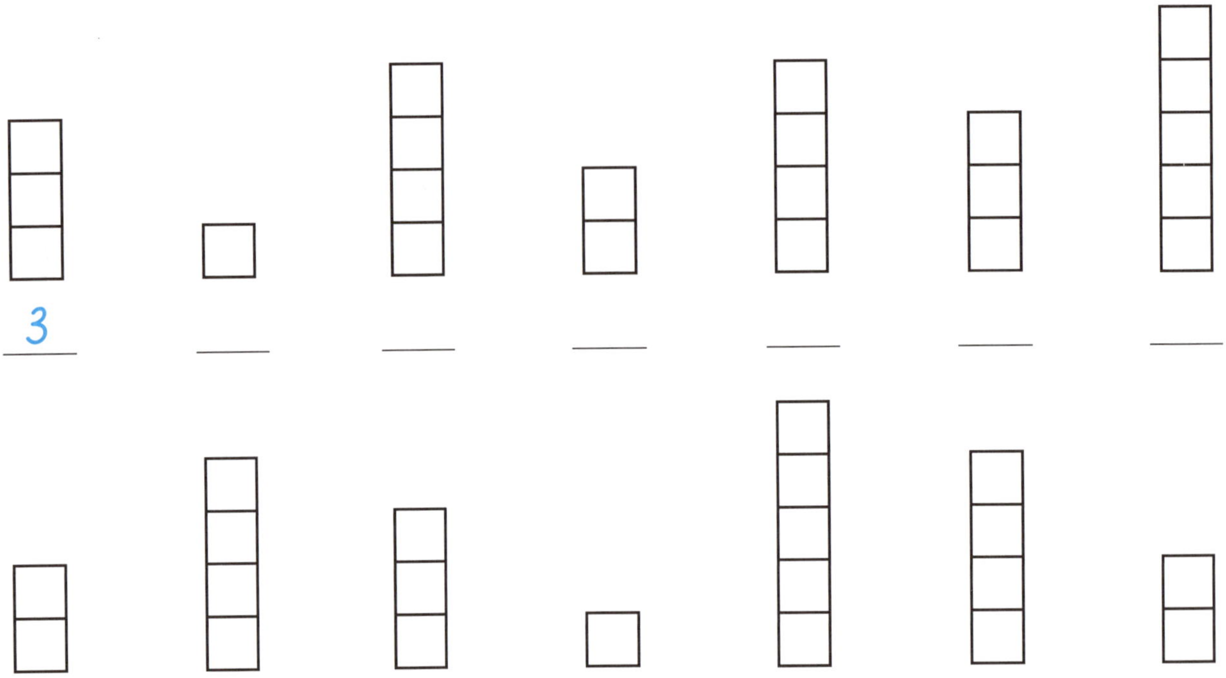

3

2

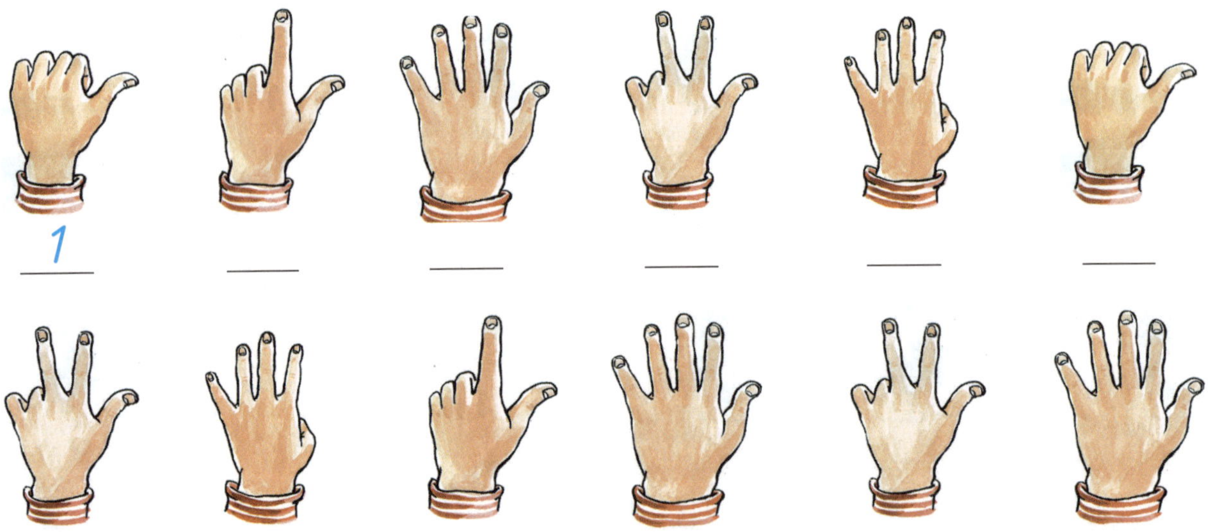

1

3

Anzahlen 1 bis 5 darstellen

1

3 2 5 1 4

4 5 2 3 1

2

2 3 5 1 4 3 5

4 1 3 2 5 3 4

3

3 1 4 2 3

4 2 5 1 5

Anzahlen bis 10 erfassen

1

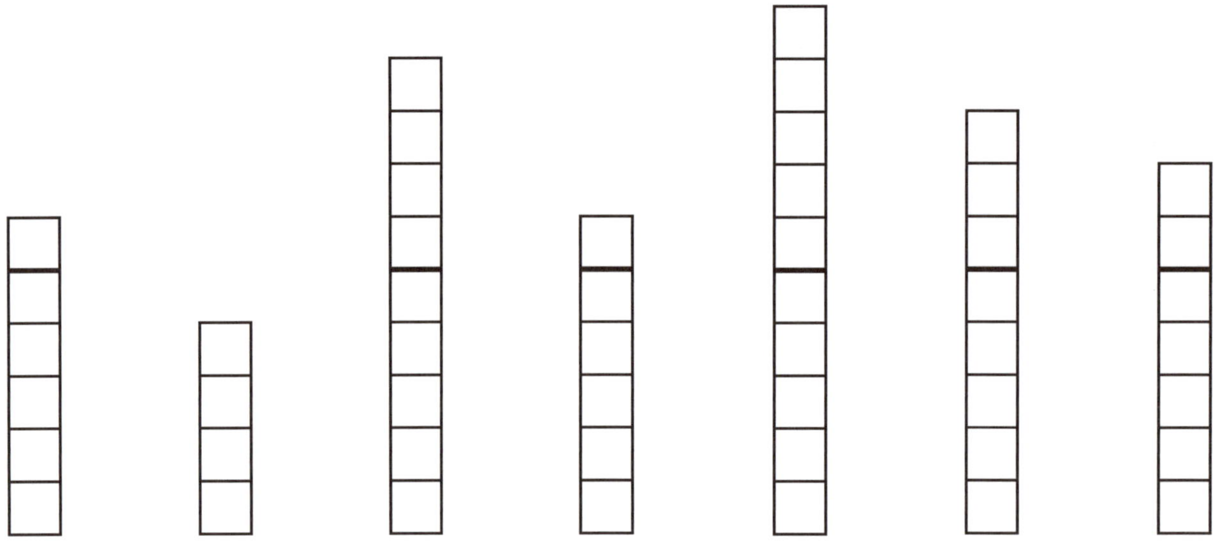

6

2

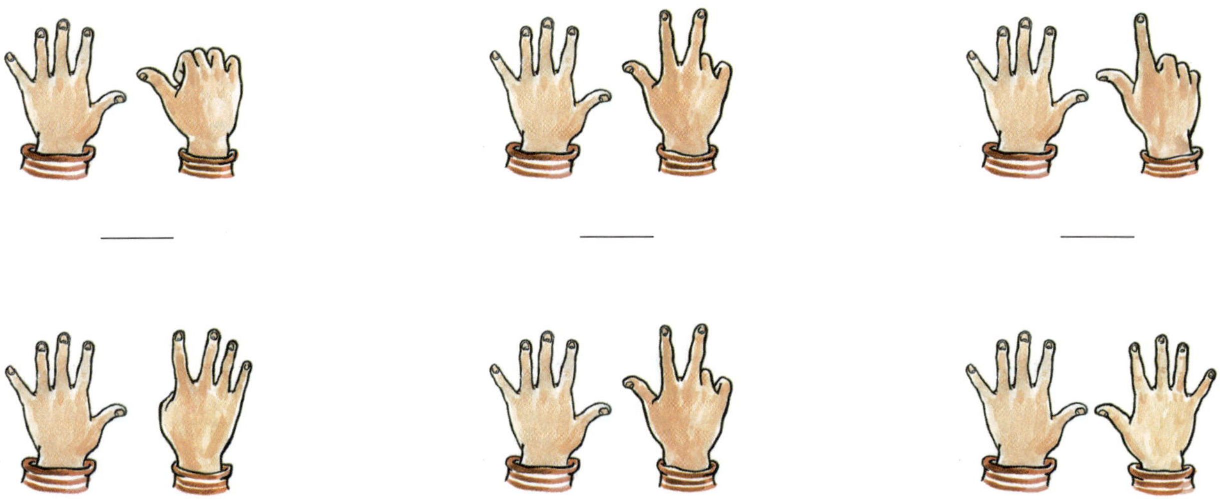

3

Anzahlen bis 10 darstellen

1

6 10 7 5

8 9 6 10

2

5 7 4 10 9 6 8

3

7 8 10 5

10 6 9 7

Zahlzerlegungen

1

5		
2		

2

6 | 9 | 10 | 7

3

5	
5	0
4	
3	
2	
1	
0	

Zahlenreihe

1

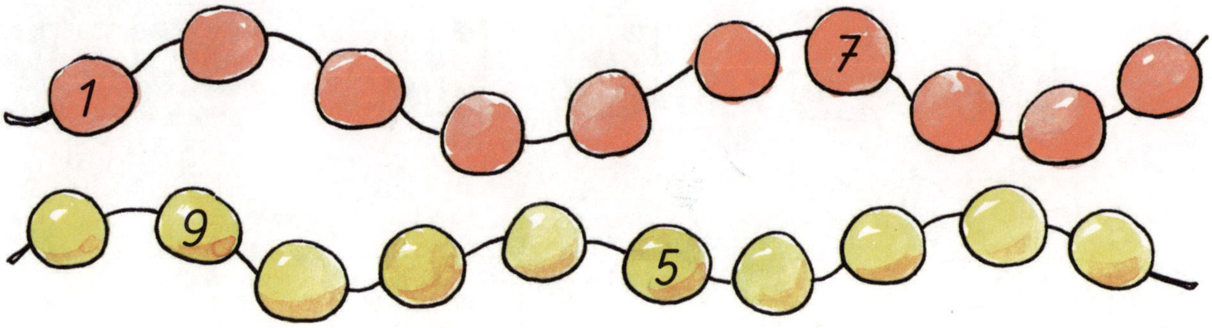

2

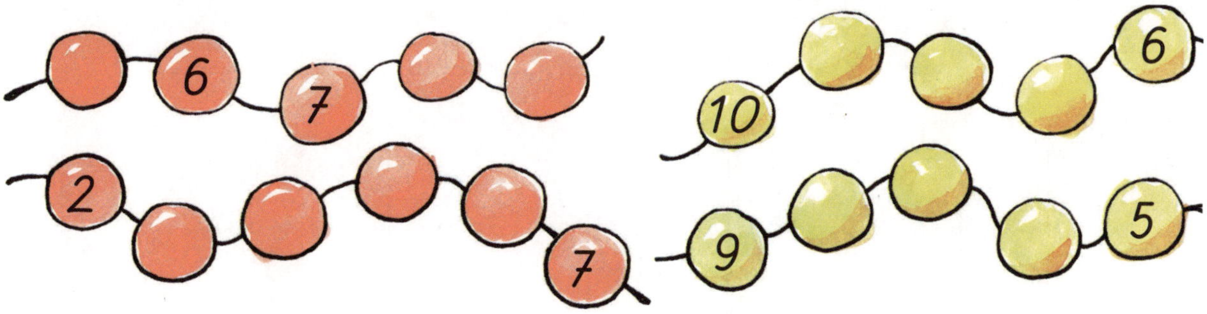

3

V	Z	N
4	5	6
	3	
	9	
	2	
	10	

V	Z	N
7		
		6
		3
6		
	4	

4

Zahlen vergleichen

1

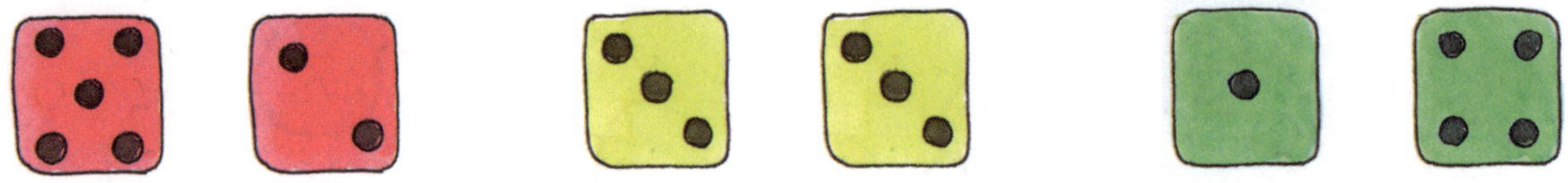

5 ◯> 2   ___ ◯ ___   ___ ◯ ___

2

___ ◯ ___   ___ ◯ ___   ___ ◯ ___

3

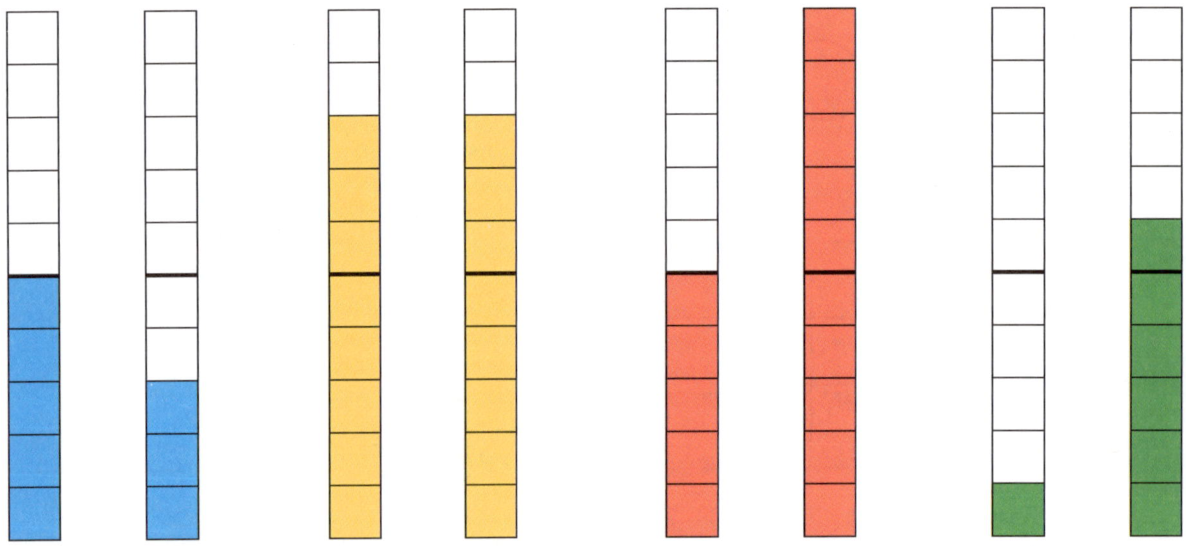

5 ◯ 3   ___ ◯ ___   ___ ◯ ___   ___ ◯ ___

4

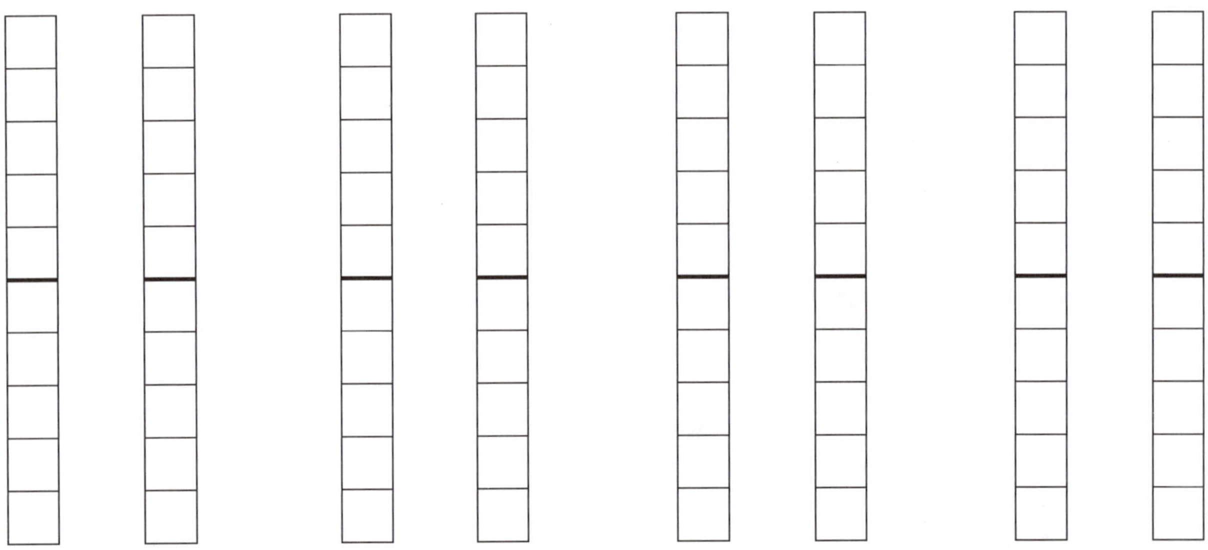

4 ◯ 4   6 ◯ 1   3 ◯ 8   5 ◯ 10

Ordnungszahlen

1

▼ 1. 4. 9. ▼ 3. 10. 6. 8. ▼ 2. 5. 7.

2

1.			7.	2.		3.			

Verdoppeln

1

2

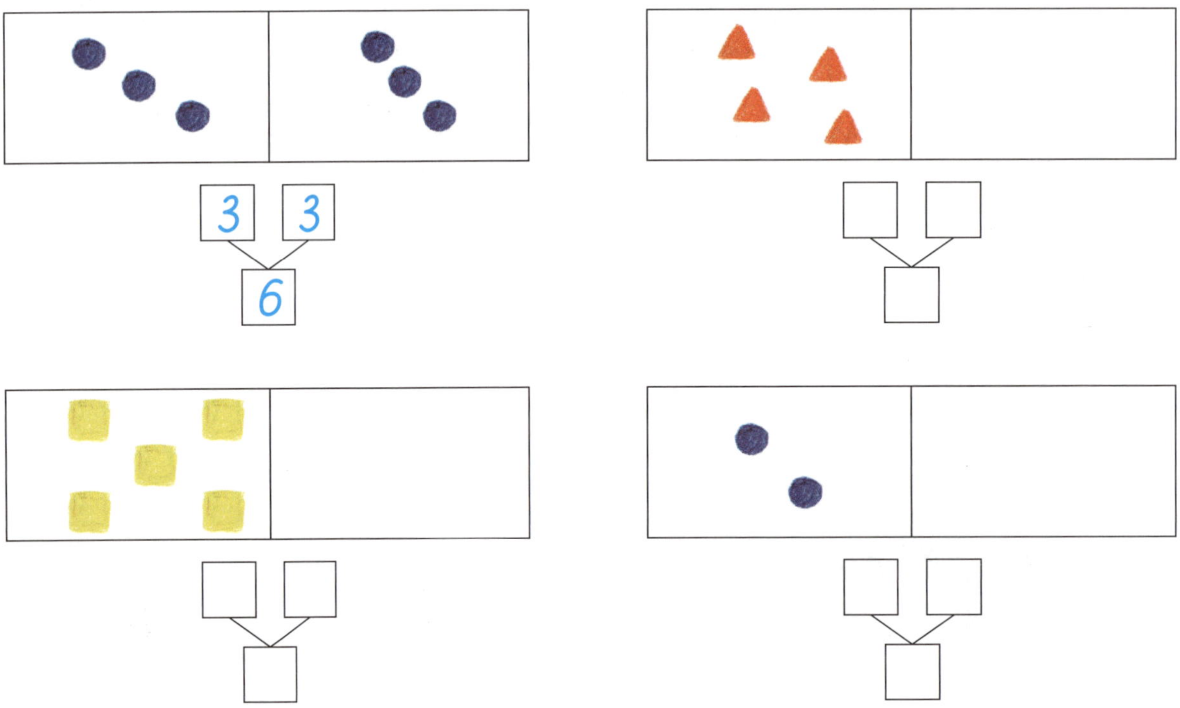

3

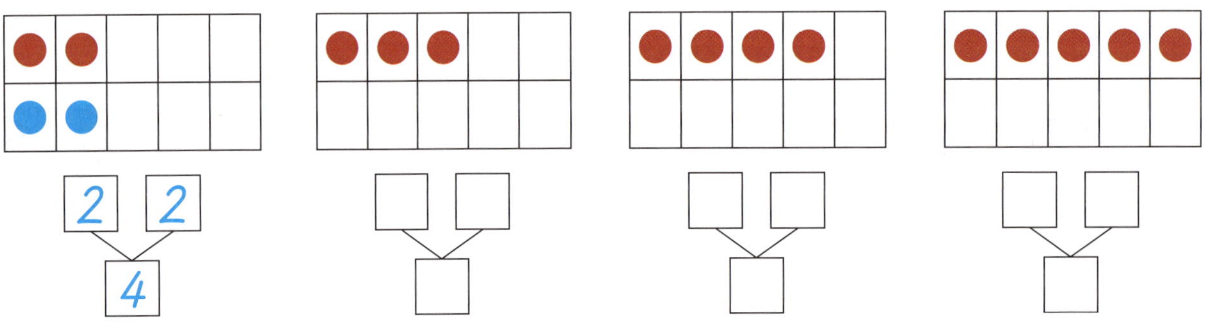

Halbieren

1

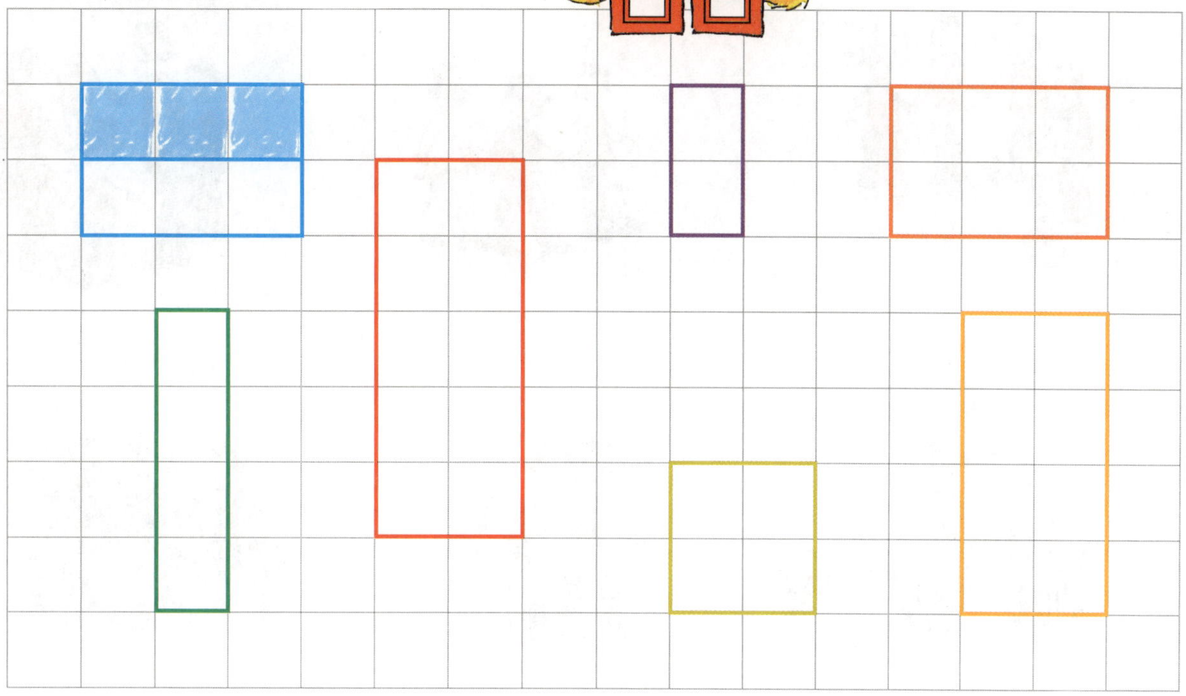

2

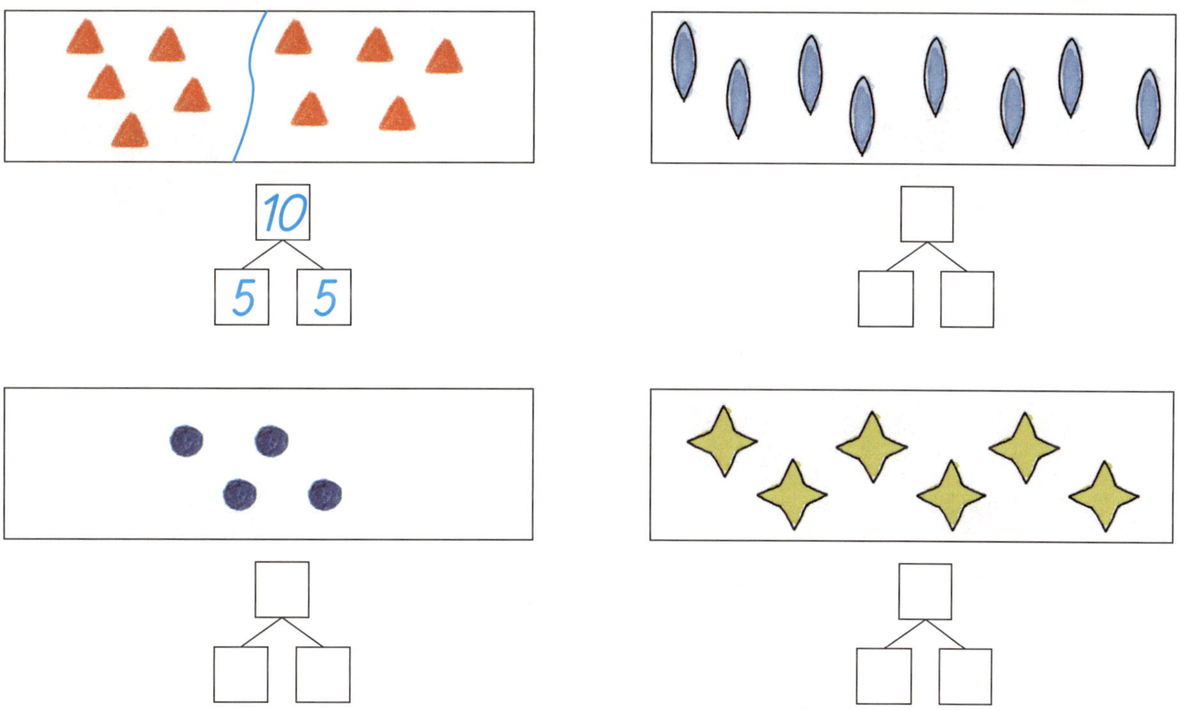

3

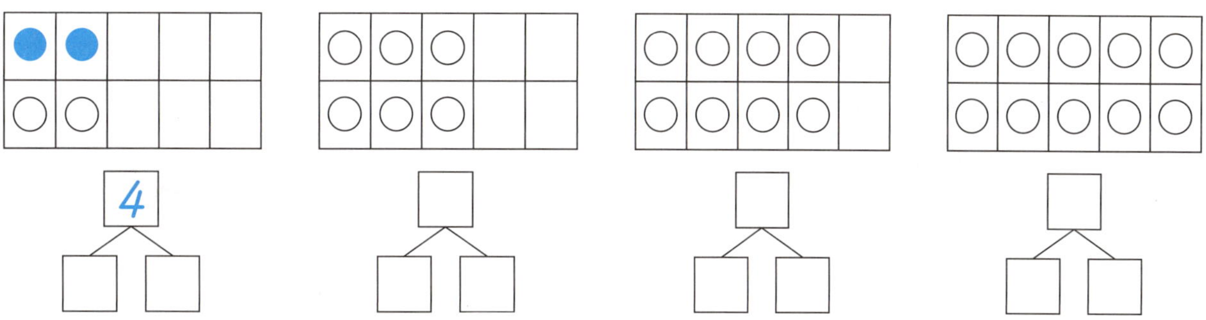

Einführung der Addition

1

5 + 3 = ___

2

___ + ___ = ___

3

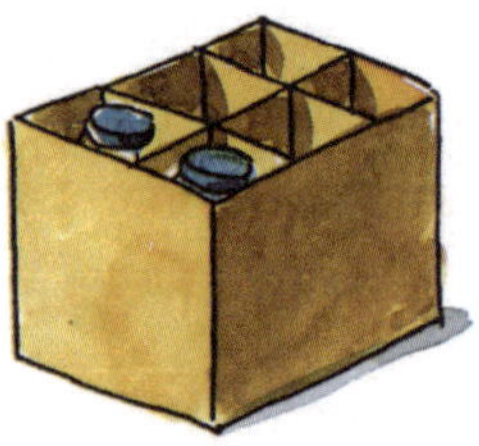

___ + ___ = ___

4

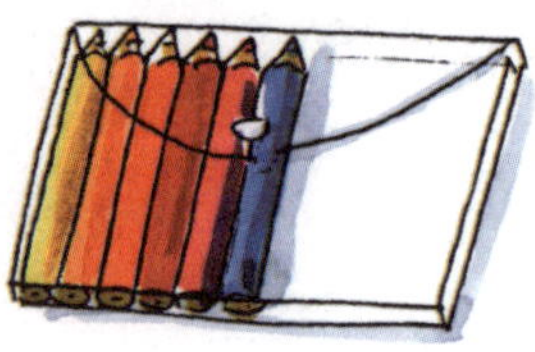

___ + ___ = ___

5

___ + ___ = ___

Übungen zur Addition

1

4 + 4 = ___

2

___ + ___ = ___

3

___ + ___ = ___

4

___ + ___ = ___

5

___ + ___ = ___

6

___ + ___ = ___

7

2 + 1 = ___

8

4 + 2 = ___

Übungen zur Addition

1

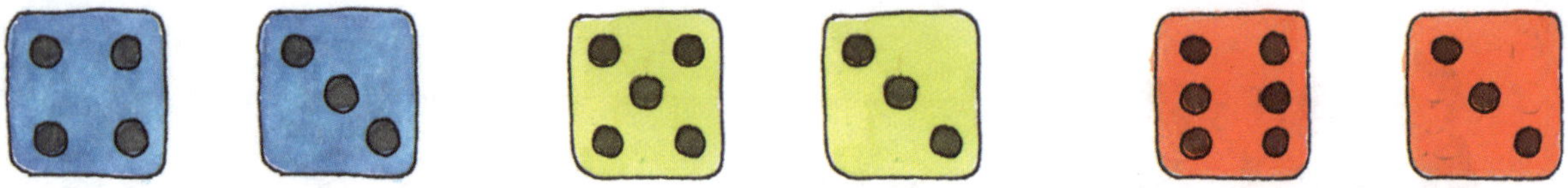

4 + 3 = ___   ___ + ___ = ___   ___ + ___ = ___

___ + ___ = ___   ___ + ___ = ___   ___ + ___ = ___

2

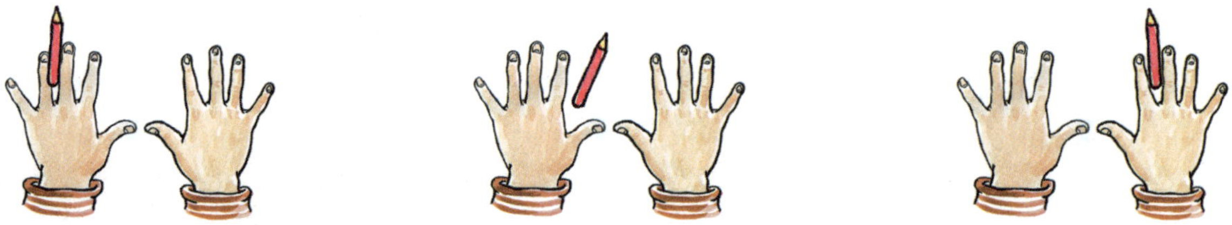

2 + 8 = 10   ___ + ___ = 10   ___ + ___ = 10

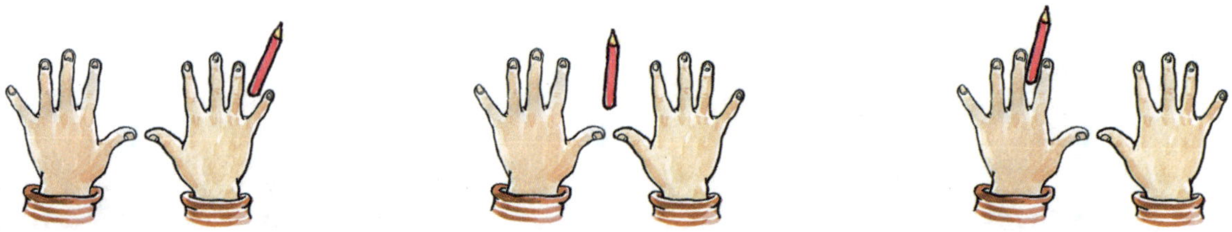

___ + ___ = ___   ___ + ___ = ___   ___ + ___ = ___

3

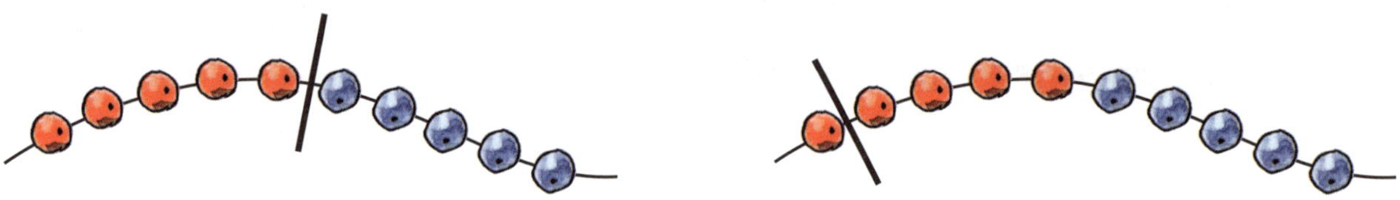

___ + ___ = 10   ___ + ___ = 10

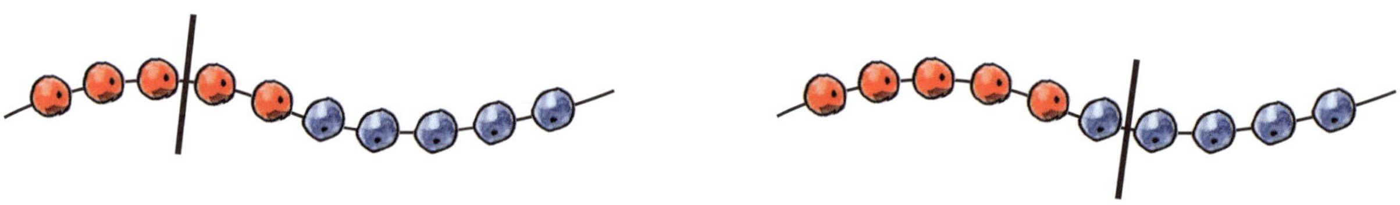

___ + ___ = ___   ___ + ___ = ___

Addieren mit dem Zwanzigerfeld

1

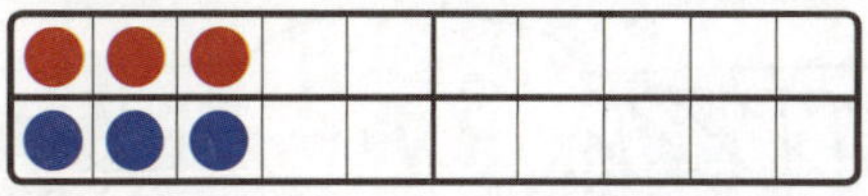

3 + 3 = ___

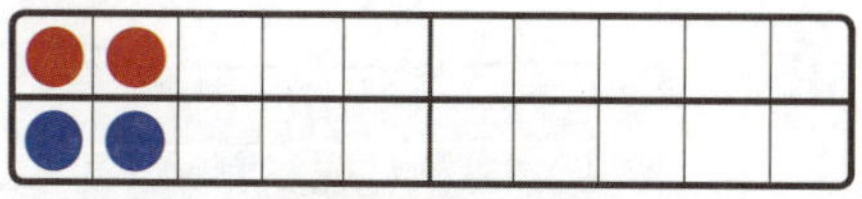

___ + ___ = ___

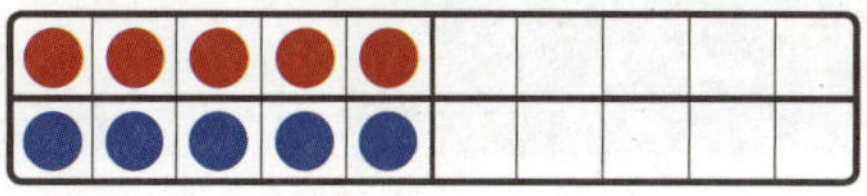

___ + ___ = ___

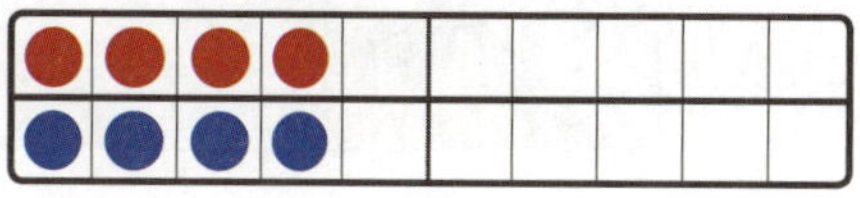

___ + ___ = ___

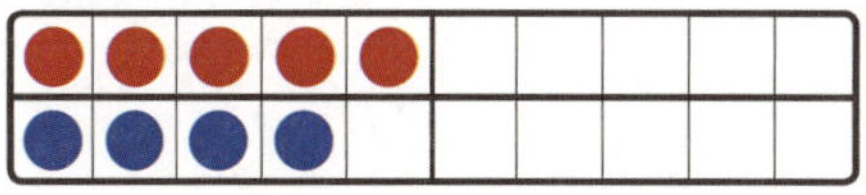

___ + ___ = ___

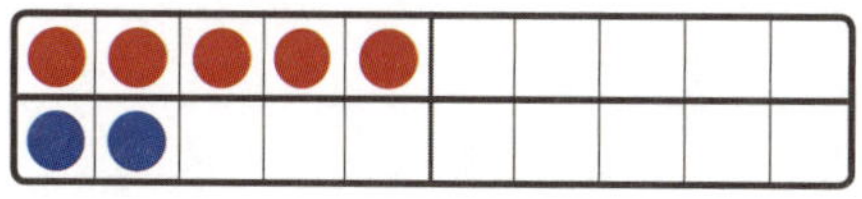

___ + ___ = ___

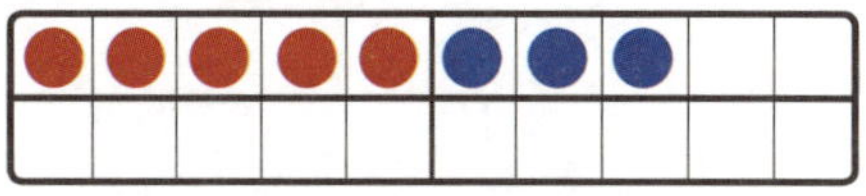

___ + ___ = ___

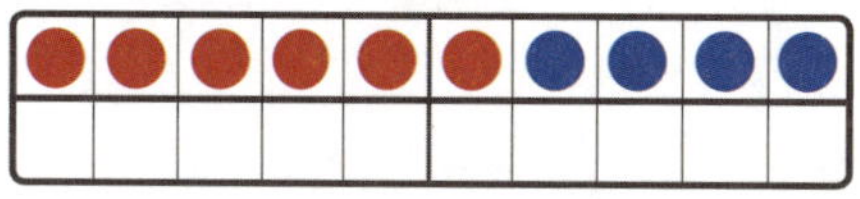

___ + ___ = ___

2

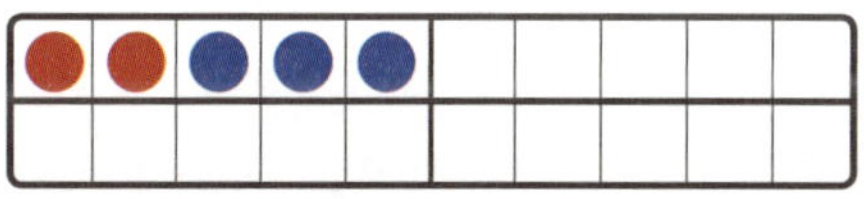

2 + 3 = ___

3 + 7 = ___

8 + 2 = ___

3 + 4 = ___

1 + 5 = ___

4 + 5 = ___

2 + 6 = ___

4 + 2 = ___

Tauschaufgaben

1

2 + 3 = ___ 3 + 2 = ___

2

5	+	4	=	
4	+	5	=	

3

 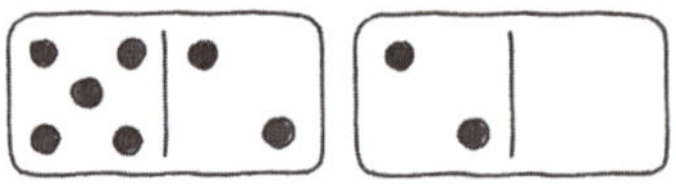 

6	+	3	=	

4

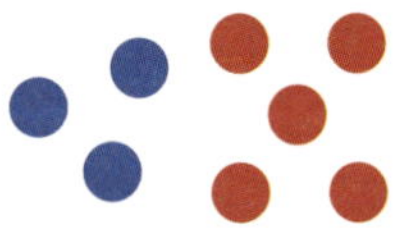

3 + 5 = ___
5 + 3 = ___

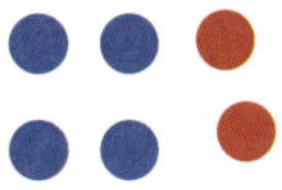

___ + ___ = ___
___ + ___ = ___

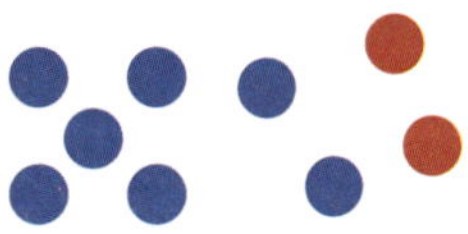

___ + ___ = ___
___ + ___ = ___

Einführung der Subtraktion

1

7 – ___ = ___

2

___ – ___ = ___

3

___ – ___ = ___

4

___ – ___ = ___

5

___ – ___ = ___

Übungen zur Subtraktion

1

5 – ___ = ___

2

9 – ___ = ___

3

5 – ___ = ___

4

10 – ___ = ___

5

___ – ___ = ___

6

___ – ___ = ___

7

___ – ___ = ___

8

___ – ___ = ___

Übungen zur Subtraktion

1

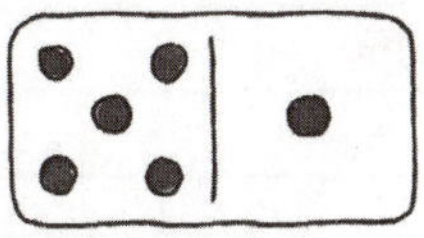

6 – 1 = 5

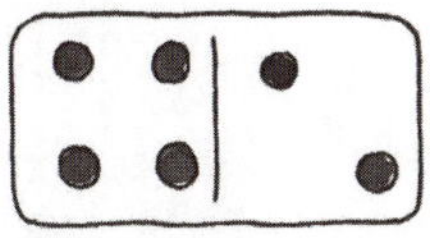

6 – 4 = ___

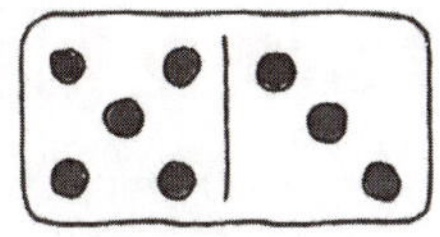

8 – 3 = ___

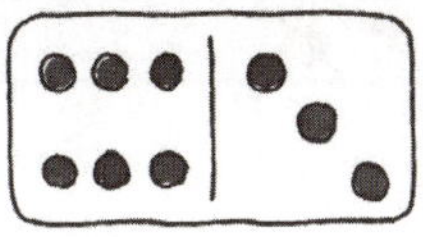

9 – 3 = ___

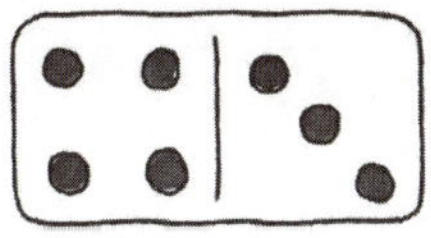

7 – 4 = ___

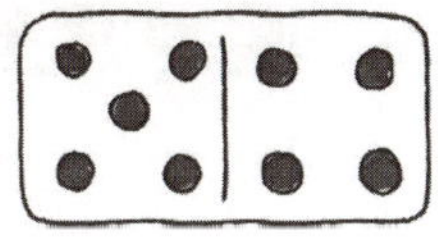

9 – 4 = ___

2

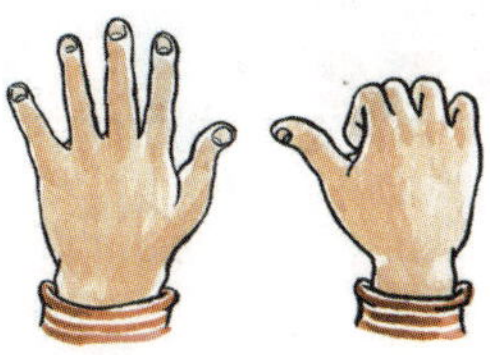

10 – ___ = ___

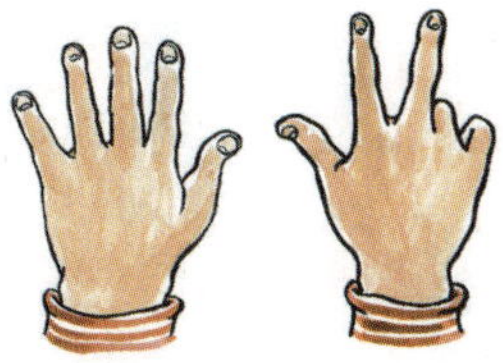

10 – ___ = ___

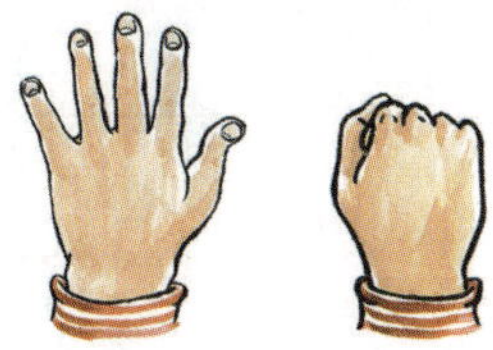

10 – ___ = ___

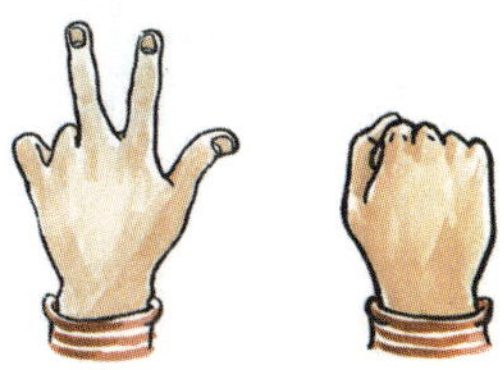

___ – ___ = ___

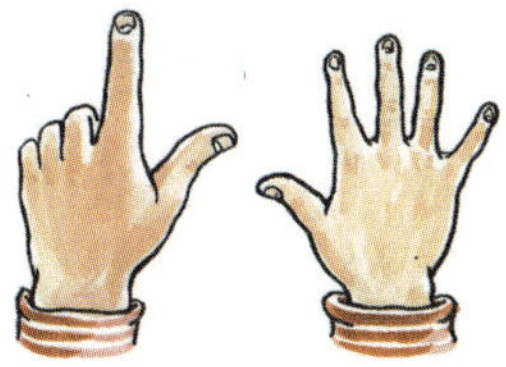

___ – ___ = ___

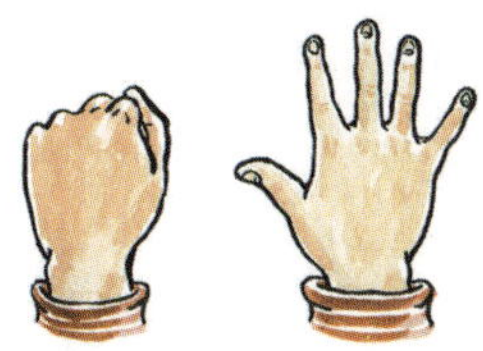

___ – ___ = ___

3

10 – 2 = ___

10 – 8 = ___

___ – ___ = ___

___ – ___ = ___

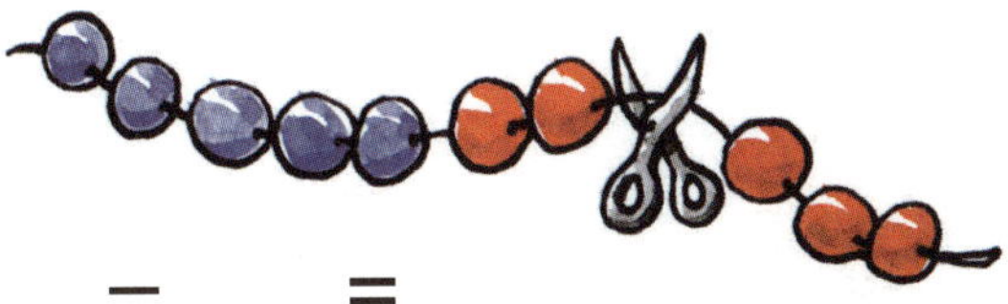

___ – ___ = ___

___ – ___ = ___

___ – ___ = ___

___ – ___ = ___

Subtrahieren mit dem Zwanzigerfeld

1

6 – 3 = ___

4 – ___ = ___

8 – ___ = ___

7 – ___ = ___

___ – ___ = ___

___ – ___ = ___

___ – ___ = ___

___ – ___ = ___

2

7 – 2 = ___

5 – 3 = ___

10 – 4 = ___

10 – 6 = ___

8 – 3 = ___

9 – 4 = ___

6 – 6 = ___

5 – 4 = ___

Umkehraufgaben

1

4 + 3 = ___

7 − 3 = ___

2

___ + ___ = ___

___ − ___ = ___

3

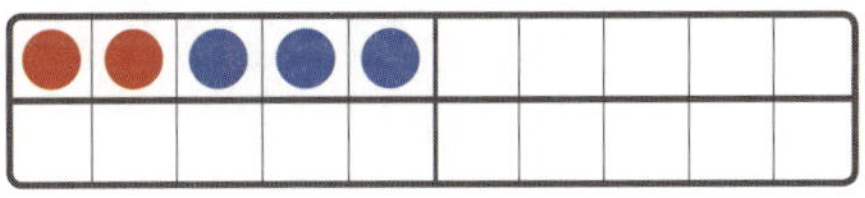

___ + ___ = ___

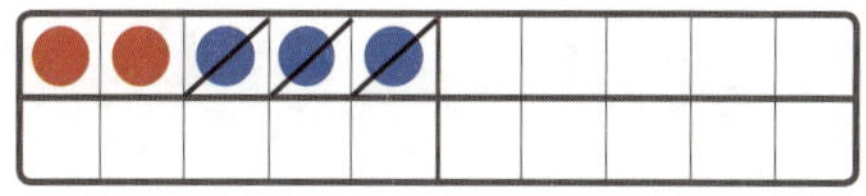

___ − ___ = ___

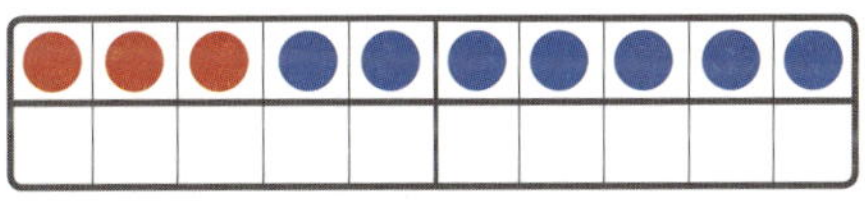

___ + ___ = ___

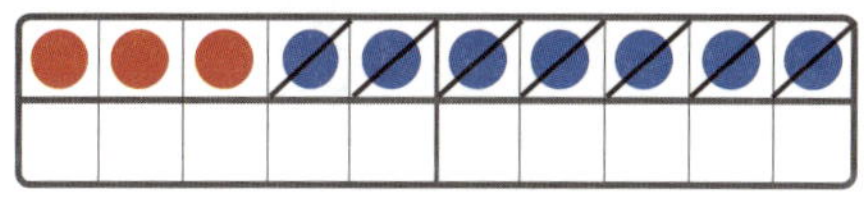

___ − ___ = ___

4

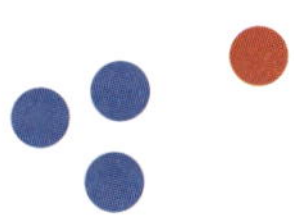

3 + 1 = 4

4 − ___ = ___

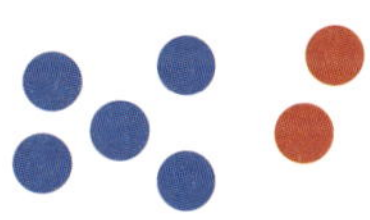

___ + ___ = ___

___ − ___ = ___

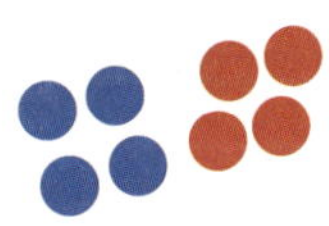

___ + ___ = ___

___ − ___ = ___

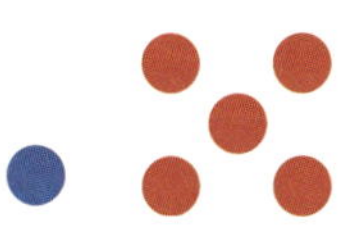

___ + ___ = ___

___ − ___ = ___

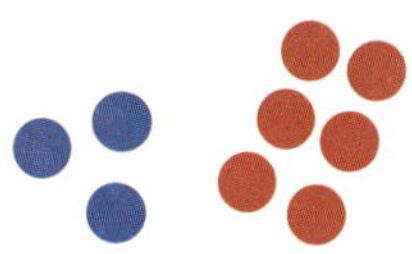

___ + ___ = ___

___ − ___ = ___

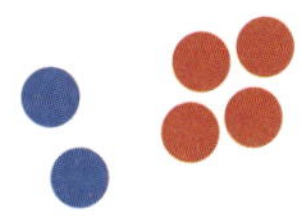

___ + ___ = ___

___ − ___ = ___

Ergänzen

1

3 + 4 = 7

4 + ___ = 7

1 + ___ = 7

4 + ___ = 8

___ + ___ = 6

___ + ___ = 9

2

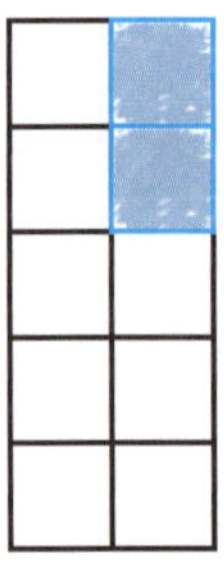

8 + 2 = 10

6 + ___ = 10

5 + ___ = 10

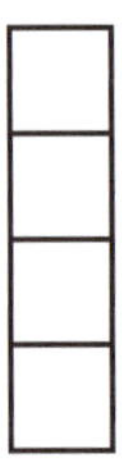

4 + ___ = 8

2 + ___ = 6

3 + ___ = 6

Ergänzen bis 10

1

2

8 + 2 = 10

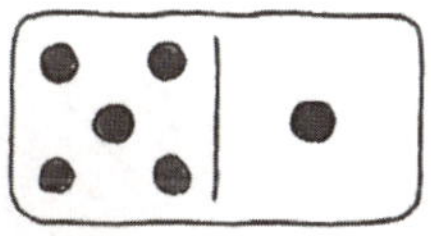

6 + ___ = 10

9 + ___ = 10

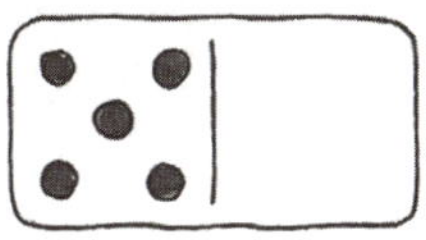

5 + ___ = 10

4 + ___ = 10

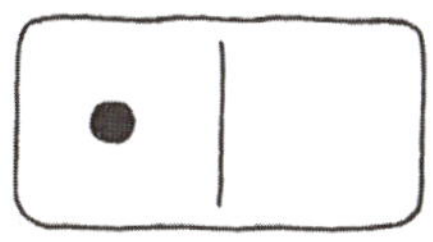

1 + ___ = 10

7 + ___ = 10

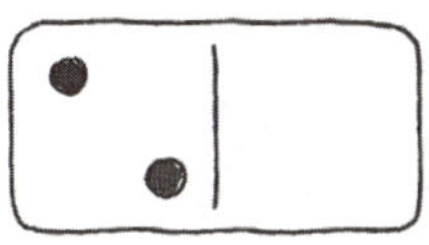

2 + ___ = 10

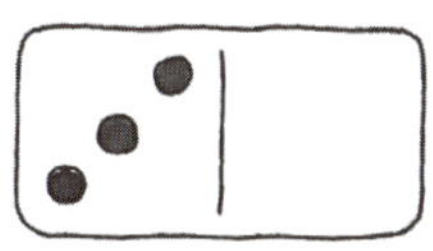

3 + ___ = 10

Würfel, Quader, Kugel und Zylinder

1

Würfel, Quader, Kugel und Zylinder

1

	𝍸 I	6

2

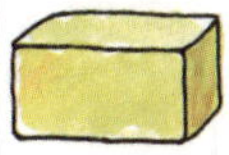		
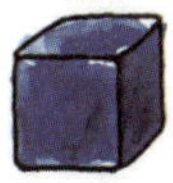		

Rechnen mit Geld (Cent)

1

 ___ ct  ___ ct  ___ ct  ___ ct

2

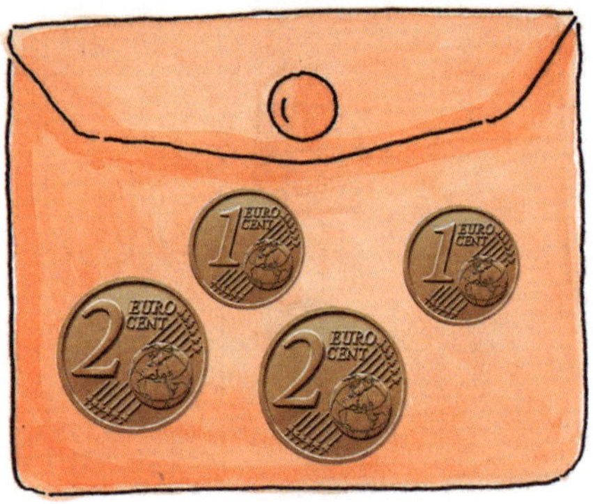
___ ct

___ ct

___ ct

___ ct

3

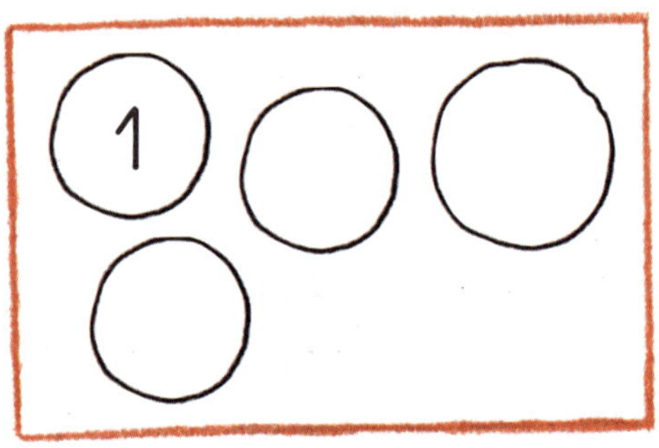

5 ct

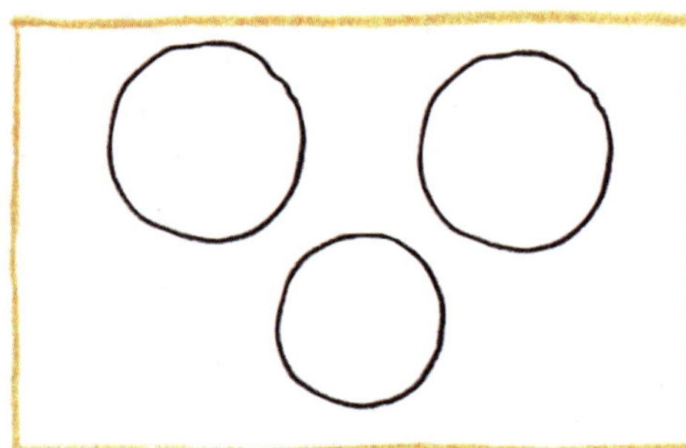
5 ct

10 ct

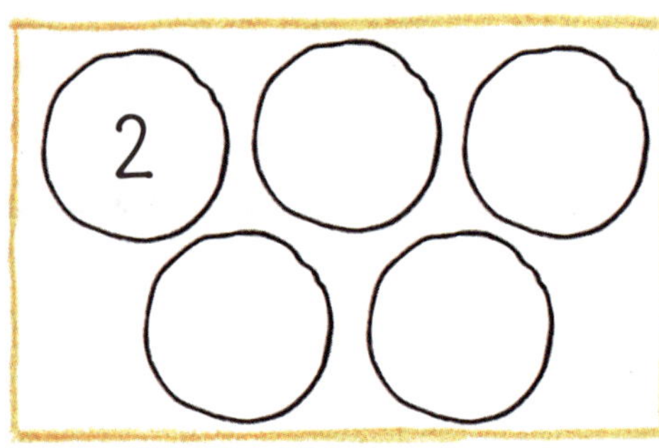

10 ct